U0155875

狭い部屋でも
スッキリ片づく

ふたり暮らし
のつくり方

SAORI

[日]沙织 著　张璐 译

两个人的
小家

湖南文艺出版社
HUNAN LITERATURE AND ART PUBLISHING HOUSE　博集天卷
CS-BOOKY

ふたり暮らし
のつくり方

saori
Instagram: saori.612

两个人的
小家

前言

二人生活的开始，是一个契机，让我有了"我要生活得更清爽些"的想法，让我决定以"简单生活"为目标，不再持有过多的物品。

步入社会后的第四年，我独自生活了一段时间。那时，我几乎不做家务，想买什么东西也是毫不犹豫地马上下手，跟现在的生活截然相反。

这样生活过来的我，在走入二人世界后，体会到了共同生活的不易。我从小就喜欢收拾整理，但男友对这类事情很粗心，东西用完后不放回原处，放任不管置之不理是常有的事。当然他也基本不会做家务，做任何事都要我从头教起。

这和我想象中的二人生活相去甚远，我们每天小吵不断。

我想改变这样的日常生活，于是开始思考，怎样做才能让两个人都轻轻松松地做家务，开开心心地过日子呢？结论是：要精简物品，过简单的生活。

我时不时也会听到有人对我说："我的伴侣不懂得物品要当舍则舍，家务也是一点都不会做，我也想像沙织小姐一样生活。"

然而，我和男友也是从同样的经历中走过来的。

我们做出改变的第一步是：不勉强自己舍弃物品，而是一开始就不去持有过多的物品。开始二人生活后，我真切地感受到，收纳不仅要让自己觉得方便，还要让对方也觉得方便。

在这本书中，我会把家里的每个角落都展现给大家，这也是我不曾在 Instagram [1] 上公开过的。除此之外，我还会写一些有关烹饪、打扫，以及如何度过周末的内容，原汁原味地展现我们两个人的生活。

虽然只是写了写两个人在房龄 30 年、只有 38 平方米的狭窄出租屋中如何生活，然而，如果我的这些生活创意能够给和我拥有同样烦恼的朋友带来帮助的话，我会非常高兴的。

沙织

---

[1] 一款移动社交应用。

目录

Contents

第1章

如何在狭窄的出租屋里为两个人创造出舒适的生活环境

第2章

成年人的生活，并不需要太多物品

第3章

只靠这些，就能搞定
两个人的吃饭问题

第4章

开动脑筋，"窄"厨房 也能"宽"利用

第 **5** 章

收纳要做到"双方都能
轻轻松松就收拾利落"

第 **6** 章

想方设法让房间各处
都宽敞清爽

第**7**章

让打扫变得简单起来

7

房间布局

第 **1** 章

如何在狭窄的出租屋里为两个人
创造出舒适的生活环境

大大的落地窗是我家的亮点，能让原本不大的房间显得十分宽敞。
所以，我把家具都摆在了不会遮挡窗户的位置。

大件家具一概不要

"房龄30年""38平方米的出租屋",作为两个人的生活空间来说,这实在不算宽敞。但我经常能听到这样的夸奖:"完全看不出屋里居然放了两个人的东西""干净清爽,看起来特别宽敞"。

为了让我俩生活的小家看起来宽敞又清爽,我选择不在家里放置大件家具。因为高大厚重的家具有种压迫感,容易让房间看起来阴暗又逼仄。

　　大型收纳柜可以让我们随心所欲地把东西都塞进里面，不知不觉间物品就会越积越多。东西一多，为了把它们收拾整齐，又免不了要添置收纳用品，从而引发一连串负面的连锁反应。

　　我把占了不小地方的电视也处理掉，换成了便携式电视。虽说屏幕有些小，看的时候倒也不觉得不清楚。

我购买了一套Artek [1]的坐垫和坐垫套，供客人到访时使用。随便一摆就能变成房间的点缀，用来代替沙发也是不错的选择，深得我心。

[1] 芬兰家具品牌。——译者注（本书中如无特殊说明，均为译者注）

Private VIERA [1]
便携电视。无线
设计免去了电线
缠得乱七八糟的
烦恼，而且它还
防水，想带到哪
里就带到哪里，
我还会边泡澡边
看呢。

[1] 松下（Panasonic）出品的便携电视。

让垃圾箱、纸巾盒和背包都从地板上"浮"起来，保持房间整洁清爽。

让物品"浮"起来，
还地面一片整洁

和西式房间一样，在作为卧室的日式房间里，我也尽可能只摆放少量的物品。

刚刚搬来时，我也曾尝试过把房间布置成能把东西直接放在地板上的模样。可因为空间狭小，东西放在地板上，有时会觉得碍事，打扫的时候也感到十分不便。

尽量不在地板上摆放物品，会让房间显得宽敞且有纵深感。这和不在家里摆放大件家具是同样的道理。

如果打定主意不把物品放在地板上，自然而然就能养成随手收拾的习惯。我和男友都是怕麻烦的性格，以前也有过东西用完了就摆在那里不管了的时候。决定不在地板上摆放物品以后，现在我们用完东西都会马上收拾。

还有就是，曾经我们觉得打扫是件特别烦人的事，现在地板上空空如也，垃圾和灰尘在地板上特别显眼，我们也就养成了随手打扫的习惯。

壁橱一不小心就会越塞越满。正因如此，我们在摆放物品时，
才更要保持"露出壁橱内壁"的状态。

东西少了，也就省去了管理的麻烦

过独居生活的时候，我属于"想买什么就毫不犹豫地马上下手"的类型。现在别人知道后都会说一句"真不敢相信你以前居然是那样的"。

男友也不擅长管理物品，有时甚至同时拥有好几件一模一样的东西。

进入二人生活之前，我们的生活方式和"简单地生活"相去甚远，过着被物品埋没的日子。

然而，开始共同生活后，我们决定为了攒钱而节俭度日，双方都把物品数量控制在能够满足生活需要的最低限度。

把物品数量控制在"收纳空间里刚好放得下"的程度，坚持"每添置一件物品，就丢弃一件没用的物品"的原则。这样一来，双方的东西都不会变多。东西少了，自然省去了管理的麻烦，做起家务来也就轻松多了。

能灵活应用于房间
各处的收纳用品

　　市面上有各式各样的收纳用品，但我基本上不会买"厨房专用收纳箱"这种专门用于某一场所的收纳用品。

　　我的心头好多是"U字形分隔架""S形挂钩""悬挂杆"之类的"万金油式"收纳用品。

　　选择样式简单但用途多样的收纳用品，不管是要收纳的东西变了，还是物品的收纳地点变了，都无须重新添置。同一件收纳用品，既适用于厨房，也适用于起居室。

还有一点也十分关键，那就是尽量选择同一品牌的收纳用品。外观风格一致，摆在一起时，看起来和谐又美观。

尤其是无印良品[1]的收纳用品，规格统一，便于配套购买，我很是喜欢。

U 字形分隔架

无印良品出品。高度和纵深度兼备的收纳空间，方便灵活。
透明外观设计，清爽利落。

[1] 日本杂货品牌。1980 年由良品计划株式会社的母公司西友株式会社基于自身的开发经验，根据"无商标"的商品构思而诞生。其产品以日用品为主。

可以把锅摆在水槽下方。
右侧是立式分隔架。

将两个 U 字形分隔架并排摆在水槽下方，
自然就是一个收纳架，无须专门添置。

钢质分隔架。放在壁橱里的话,可以选择尺寸大一些的型号。
分隔架下方的空间,我用来放熨斗了。

木质分隔架。我把它放在了水槽上方用来摆放餐具的地方。
以前,餐具都摞在一起,取用时非常不方便。现在这样就方便多了。

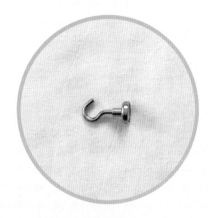

磁吸式挂钩

这种形状的挂钩不太常见。个头虽小，但磁力强劲。
用来挂一些小物件时，它可是不可多得的宝贝。

我把它吸在厨房水槽旁边的架子上，用来挂抹布。
挂钩的个头较小，可以安装在架子的任何地方。

我在冰箱侧面也装了一个,
用来挂锅垫。

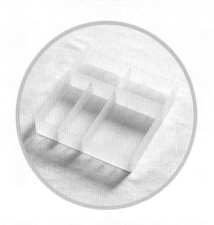

托盘式整理盒

无印良品的这款整理盒,可以调整分区的数量和位置,
用来收纳一些琐碎的物品时,非常方便。

利用托盘式整理盒来给抽屉分区。
确保每件物品都有自己的"专属位置"。

把会员卡"立起来"收纳。

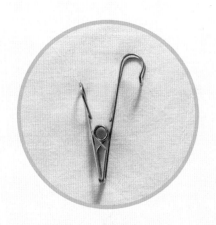

悬挂式钢丝夹

用它能把物品夹住后挂起来。比如，用来夹毛巾一类比较柔软的物品。

上图的夹子来自无印良品。相似的产品在日本的百元店也可以买到。

我把夹子挂在浴室门前的挂杆上，
用来挂毛巾。

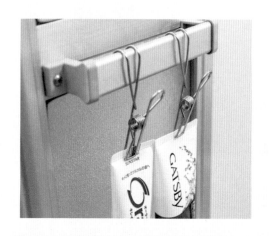

洗脸台在浴室里面，所以我用这种夹子把牙膏夹起来，
挂在了浴室门上。

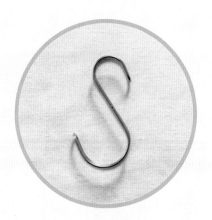

S 形挂钩

想让物品从地板上"浮"起来时，使用 S 形挂钩会十分方便。
双股设计，更加稳定牢固。

把挂钩挂在壁橱里的悬挂杆上，Tower[1] 的熨衣垫在不用的时候，可以卷起来挂在这里，节省空间。

专门用来让男友放置衣物的地方，主要采用"悬挂式收纳"，因此 S 形挂钩的出场频率也相当高。

---

[1] 日本山崎实业旗下产品系列名称。

圣诞树是在 NITORI [1] 买的，圣诞老人摆件是 NORDIKA 的 Nisse [2]，还有 Kähler Urbania [3] 的烛台。烛光从小房子的窗子里透出来，漂亮极了。

---

[1] 日本的家居连锁品牌。

[2] NORDIKA Design 公司设计的木质玩偶 Nisse。

[3] 丹麦陶瓷器品牌 Kähler 旗下产品系列名称。

插上一枝花，
或是摆上一株小树，
给房间"略施粉黛"

　　我原本非常喜欢那些零七八碎的小物件，用来当摆设，可以改变房间的氛围，享受装饰房间的乐趣。这让我乐在其中。

　　然而，由于没有充裕的地方用来摆放它们，我只在圣诞节时才会摆些应季的装饰物。现在摆着的是小小的树、小小的人偶，还有小小的烛台，跟我小小的屋子相得益彰。白桦树同样适合圣诞节以外的时节，能让人在很长的时间里都兴致盎然。

　　房间里摆上植物，气氛顿时大不一样。如果家具和生活用品都是同一种颜色，容易显得清冷肃杀，点缀些花花草草，能让房间整体看起来更为亮丽。

　　我是个没什么常性的人，过不了多久就会给装饰性的小物件更新换代。所以享受装饰房间的乐趣时，只好点到为止了。

用空瓶代替花瓶，用腻了以后处理起来也方便。
彩色玻璃瓶可以调节情绪，让人心情愉悦。

或许是因为出生在 6 月，我最爱的花便是紫阳花了。
形单影只也有傲人气势，淡淡的紫色很是亮眼。

在附近花店买到的棉花。非常适合摆在日式房间。
价格适中，不用浇水，可长期摆放。

第 2 章

成年人的生活，并不需要
太多物品

一年都没穿过的衣服，没用过的化妆品……
要定期检查有没有这样的物品，并果断放手。

我所追求的状态是
"家里没有一件无用之物"

还没开始二人生活时，我总是抱着"也许有天会用到"的想法，不加考虑地购买物品。一心想着"没准儿明年就用到了呢"，总是舍不得丢掉那些不知何时才用得到的东西。

不过我最终还是毅然决然将那些用不到的东西一口气都处理掉了。虽说丢掉的时候仍旧会想"没准儿以后用得到呢"，然而，绝大多数东西，在扔掉后，一次都没有要用到过。

判断是否应该把物品处理掉，笼统地说有两条标准。第一条是"整整一年都没有用到过"。回想一下，最后一次使用它是在什么时候。如果整整一年都没用到过，说明今后会用到它的概率也很低，可以处理掉。

第二条是"有没有其他物品可以取代它"。想想这件物品是否真的不可或缺。有替代品的话，就用替代品，如果没有它也不觉得困扰，就可以处理掉。

上方的方凳是在无印良品买的，下方的竹编包是网购的。
二者不仅都能一物多用，还都能给房间的布置增色。

抱着"我要一物多用"的想法，
选购能够一物多用的物品

一想到"要是能让房间变得再宽敞些的话……"，我就有一大堆收纳方法和装饰创意想要尝试。

有时，我也差点就在无意中买下花哨的生活用品。可由于我追求的是"少物生活"，因此在选购家具和生活杂物时，我首先考虑的，就是用起来是否灵活方便。

比如，平时放在起居室用来摆放植物的方凳，有客人到访时，就可以拿到餐厅拼成长椅。其他物品也是如此。竹编包既能用来装文件，也能用来装野餐时的便当。

设计简约的物品，可以不受地点限制，灵活使用。使用方法不同，给人的印象也大不一样，为房间布局的变化提供了更多可能。想想下次该怎么使用这件物品，也不失为一种小小的乐趣。

5盒装的纸巾。我在日式房间和餐厅各放了一盒,剩下的3盒放在了起居室储物柜的抽屉里。盒子是轻薄型的,刚好能放进抽屉里。等这些都用完以后,我才会添置新的。

想办法尽量
不囤积生活用品

　　以前，纸巾、厕纸、洗涤剂一类的物品，我总是一下子买好多，存放在家里。

　　然而，等到去采购的时候，我又会忘记家里还有库存，结果又买了一模一样的东西回来。这种让人沮丧的经历，不胜枚举。

　　如今，为了让物品管理起来更方便，我尽量不在家里存放过多的日用品。

　　我会精挑细选日用品的种类，极

力减少采购的频率。

比如，清洁浴室、卫生间、厨房时使用的洗涤剂，一瓶 UTAMARO[1] 清洁喷雾就全搞定了。

尽量不去选购专用于某一区域的产品，而是选取能用于不同区域的通用型产品。

由于家里不再囤积日用品，因此，我选择的都是在我家附近的药妆店或便利店就能买到的商品，步行30秒即可到达。纸巾之类的东西一旦用完，立刻就能去买新的。

最近，我也经常在网上购买日用品。

一旦有需要，随时随地都能下单，第二天就送货上门，方便得很。

网购时，积分会在网站上自动累加，这就能避免出现因为忘带会员卡而不能使用积分的情况。

不再囤积生活类消耗品以后，街上做宣传时发的手帕纸，我也会在家里心怀感激地好好使用。

---

[1] 日本东邦株式会社出品的洗涤剂。

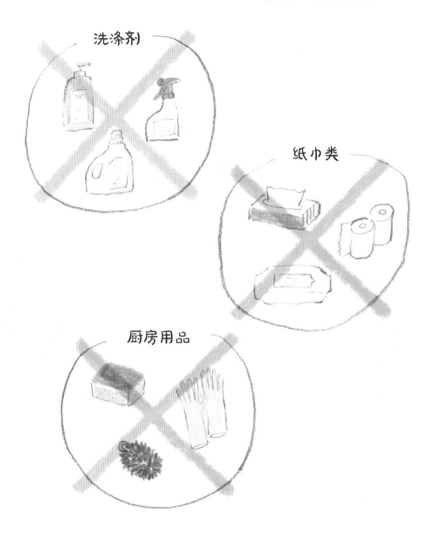

我这个人，只要还有库存，就想快点用完，因此会徒增消耗，加大开销。
所以，我会尽量注意不去囤积日用品。

购买家具和收纳用品时，事先量好尺寸，仔细考虑一下要把它放在哪里、用它来干什么，以及它和房间的整体风格是否相称。如果拿不定主意，就先不买。

一定要事先量好尺寸，
看看"放在这里合不合适"

以前我有过这样的经历：觉得"这个大小应该没问题吧"，把收纳用品买回了家。结果放在哪里都不合适，最终没有派上用场。

从那以后，我再买此类物品时，都会先想好买回来要把它放在什么地方，并提前量好尺寸。

比如，我想买一个放在储物柜抽屉里的收纳用品，就会先用卷尺提前量好尺寸，再出发去选购。

选购收纳用品的要领是尽量选择同一品牌的单品。这样不仅可以省去每次都要测量尺寸的麻烦，还能避免各类单品形形色色、尺寸不一的尴尬。在这一点上做得好的还是要数无印良品。产品规格都是统一的，绝不会让你失望。

照片、文件、漫画、DVD 之类的物品会占据不小的收纳空间，
干脆选择"不要"。

为了便于查找，可以将保修单、合约等放入资料册里，并且只保留一些必要的文件。

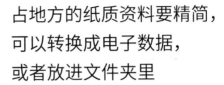

占地方的纸质资料要精简，
可以转换成电子数据，
或者放进文件夹里

除了放在老家保管的，我把手中现存的所有照片都转换成了电子数据。一来是因为我并没有什么机会翻看以前的相册，二来是因为相册会占据一定的收纳空间。同时，这样做也是为了防止照片模糊褪色。

现在，大多数情况下我都用手机拍照，不仅可以随时翻看，还能通过 App 将照片轻松冲洗出来。

文件过多的话，管理起来也相当麻烦。因此我会时常检查，没用的东西，就算是一张纸也不留下，统统处理掉。

漫画和 DVD 我会从店里租借回来看，电影则是在 Amazon Prime Video [1] 上观看。

---

[1] 亚马逊提供的视频在线观看服务。用户可以通过网页、Android、iOS、Fire Tablets 和某些智能电视机观看 Prime Video 的内容。

提供保管配送一条龙服务的 Pony 洗衣店 [1]。
既能由顾客上门取件又能送货到家，方便快捷。

---

[1] 日本连锁洗衣店。

洗衣店提供的保管服务，
方便极了

我现在过的是"只保留必需物品"的生活。可有时，还
是会有一些东西非用不可。遇到这种情况，我不会特意去购
买，而是用租借的方式解决。感觉有点像"把物品寄放在外
面保管"。比如，一年中只能用到寥寥几次的户外用品和游
泳圈之类的东西，我都会选择租借。不用特意腾出地方来收纳，
只在必要的时候借来用一下，多方便啊。

除此之外，我还会使用洗衣店提供的保管配送一条龙服
务。冬天的外套、西服套装之类的衣服在用不到的时候，就
寄存在洗衣店里。

冬天的衣服很占地方，我也曾为要把它们收纳在哪里而
伤过脑筋。有了洗衣店的保管配送一条龙服务，就算家里没
衣柜，这些衣服也有地方寄存。

我家壁橱能时常保持整洁清爽的状态，都是这项服务的
功劳。

一些物品也许已经不再适合家里的装饰风格，可如果自己曾经喜欢的东西还能在其他人那里"发挥余热"，我会觉得开心不已。

与其扔掉，不如在
"Mercari"上和物品
说再见

　　我曾经很喜欢收集物品。因为抱着"自己用不着的东西，或许还能在别人那里派上用场"的想法，想要处理掉某件物品时，我常常会选择使用二手交易 App。比如说，即将开始二人生活前，我就通过"Mercari"[1]将独居时用的电脑桌和衣物烘干机之类的大件家具和家电转让给了别人。

　　成功转让的关键是，我在一开始购入商品时，比如，购入无印良品的某款高人气商品时，就会想到也许有一天会转让出去，从而在使用时比较小心。

　　虽说添置新物品之前，我一定会先把用不着的东西处理掉，但我时不时也会忍不住用在"Mercari"上赚来的钱购买一些新物件。

---

[1] 日本二手交易平台。拥有针对智能手机的 C2C（个人与个人之间的电子商务）二手交易 App。

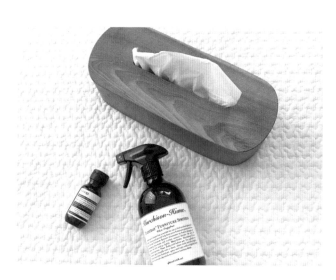

第 3 章

只靠这些，就能搞定
两个人的吃饭问题

主菜中的鱼和肉当天现做。从提前备好的小菜里挑出几样想吃的,
盛在碟子里,做成冷盘。

提前备好一些菜品，
晚归也能到家就开饭

　　早上一爬起来就要准备早餐和便
当，晚上下班一进家门就要急急忙忙
地准备晚饭。我不想过这样的生活，
所以平日里会提前备好一些菜品。

　　男友在工作日很早就要出门上班，
我一般都让他带提前做好后冷冻保存
的烤饭团和鸡蛋三明治。

　　晚上，大多数时候我们会在家里
一起吃晚饭。工作日里吃的都是我提
前备好的菜品，就算有一方回家晚了，
也能快速搞定晚饭。

我们决定一周里有三天要按照有利于身体健康的食谱来准备便当，这样，制作便当时就不会感到有负担了。

到了休息日，我们两个往往会出去吃。在外面吃点自己爱吃的，转换一下心情。

把提前备好的菜品做成便当

无印良品的保鲜盒变成了便当盒。
当然，我也会用它当保鲜盒。

早饭

放了培根和煎蛋的拉普达吐司 [1]。
我直接在铁丝网上烤制的，
以此代替烤面包机。

早饭时吃的朴蕈菇味噌汤。
有时也会装进汤杯里
和便当一起带上。

带出门的早饭是烤饭团和鸡蛋三明治，
也都是我提前准备好的。

[1] 煎蛋吐司。宫崎骏执导的电影《天空之城》中出现了此类食物，因此人
们也称其为"拉普达吐司"。

我会提前做好7~8样菜品，用这些基本就能应付工作日这5天的小菜了。

外出采购和提前备菜
都在周末完成

　　一周内所需的食材，我会在周末就全部买好。决定好每天晚饭的主菜，以及要提前备好的菜品，按一周就能吃完的量购买。

　　周末的时候提前备好一些菜品，可以节省工作日里做饭的时间。另外，因为我打定主意一周只采购一次，而且一次就把需要的东西都买齐，所以要提前定好一周的菜单。如此一来，就不会出现食材买多了的情况了。

　　这样做还有一个大大的好处，那

就是冰箱一周就空一次，我们能清楚地知道冰箱里都有哪些东西。

我经常做的小菜有干烧南瓜、羊栖菜，还有金平牛蒡，这些菜也非常适合放进便当里。

为了多学几样拿手菜，我正在努力研究食谱。

提前采购制作一周菜品所需的食材

把鱼和肉一次性都买回来，冷冻保存。
一到周末，
冰箱冷藏室和冷冻室就又空空如也了。

保鲜容器

我使用的保鲜容器是玻璃或者珐琅材质的。

玻璃材质的是 iwaki [1]（怡万家）的 pack&range 系列。

珐琅材质的是野田珐琅 [2] 的白色系列，都是方形的，深型、浅型各一个。

[1]日本家用耐热玻璃容器品牌。

[2] 1934 年由野田悦司创立的日本珐琅用具品牌。

Vita Craft [1] 的切菜板，吉田金属工业制造的 Global 牌 [2] 菜刀。
黑色的菜板很耐脏，便于保养。

---

[1] 1939 年创立于美国的厨具品牌。1976 年进入日本市场。2002 年董事长
井村守取得了美国 Vita Craft 公司的经营权。
[2] 吉田金属工业（YOSHIKIN）是生产不锈钢厨具的厂家。1983 年推出了菜
刀品牌 Global。

厨具要精挑细选，
既要样式简单，
又要经久耐用

　　独自生活时，我曾拥有许多用起来很便捷的厨具和厨房电器。开始二人生活后，做饭的次数多了，要做的量也增加了，我便开始有了厨具太占地方的烦恼。原本是图方便才买的，但是这些厨具不但导致我做饭的空间变窄，打扫厨房时也碍事，刷洗起来还费事，不知从什么时候起，我几乎不再使用它们了。

　　于是，我重新评估了哪些才是厨房的必备用品。将用不着的圆锅、平底锅，还有一些碗，连同那些既占地方又难清洗的厨具一起，统统处理掉了，厨房变得清爽利落起来。

　　在选购厨具时，除了要看是否样式简单且经久耐用，还要关注是否适用于家里的洗碗机，以及用起来称不称手。

圆锅和平底锅都是 T-fal[1] 的。锅把可拆卸，收纳时比较节省空间。

铁制的茶壶是南部铁器[2]，质感沉稳厚重。

我是岩手人，因此使用它时还带着些对家乡的依恋。

---

[1] 法国厨具品牌，以生产平底不粘锅而闻名。

[2] 指江户时期的"南部藩"所产的铁器，主要在现在日本东北部的岩手县境内，因其品质精良而广受青睐，至今仍作为日本代表性的传统工艺品而拥有不可动摇的地位。

iwaki 的玻璃碗适用于微波炉。

因为它耐热，所以买稍大一点的会比较方便。

无印良品的硅胶勺既能炒菜也能盛饭，又不伤锅，

还能用洗碗机清洗，很合我的心意。

将糖、盐、鲣鱼片、面粉和调味料分别装入密封容器里，
放入冰箱内保存。

把调味料都装入
形状一致的容器里

　　为了让男友做饭时也能分清容器里装的分别是什么，我把调味料都装进了透明的容器里，还贴上了标签。这里要说明一点，我并没有给所有的调味料"换装"，而是只给在原包装状态下用起来不太方便的那些调味料换了个容器而已。

　　比如，我在冰箱侧面安了一个磁吸式的调味瓶架子，把食用油之类的都倒进分装瓶里，再放到架子上。只要"换个装"，就能放在触手可及的地方，等用得着的时候拿走用一下，方便极了。

油类

食用油一类的东西，倒出来时最后几滴会流到瓶身外壁，很是让人困扰。
我把它们倒进了 iwaki 的玻璃油壶里。为了保鲜，只倒入了一半高度的量。

糖和面粉类制品

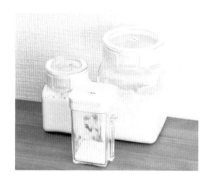

为了防潮，我把马铃薯淀粉和糖装进了密封保鲜罐里。
面粉则用 Tower 的密封罐来装，
在使用时，面粉可以直接从密封罐上方的开口处倒出来。

香辛料、干菜

我把香辛料装在了在 sarasa design store [1] 买的调料罐里，
干菜则装进了密封保鲜罐里。容器都是成套的，收纳时不会浪费空间。

汤料

鲣鱼片、中式高汤粉、浓汤宝也都被我装进了密封保鲜罐里。

---

[1] sarasa design 旗下的网店。sarasa design 是一家专注于生活用品的设计
公司，创立于东京世田谷区。

芝麻、胡椒盐

我把芝麻和日式高汤粉装进了 iwaki 的调料瓶里，
胡椒盐则装进了胡椒盐专用瓶里。

干脆买个大冰箱，
用来代替储藏柜

　　我想用冰箱来代替放米的储藏柜，因此在二人生活刚刚开始时，我就树立了"我要买个大冰箱"的目标，并一直为此存钱。最近总算如愿以偿，把大冰箱买回了家。我最终选择的是一款 517 L 容量的冰箱，适用于家里都是上班族，并且喜欢一次性储备许多食物的人。我家的厨房不大，所以我在购买前就仔细量好了尺寸，冰箱放进去正合适。

　　我会在周末就把一周所需的食材全都买好，到了后半周的时候，冰箱基本就空了。于是我会借此机会给冰箱做做清洁。

　　用冰箱进行收纳时，我时刻铭记在心的一点是"要做到一眼就看得出哪里放着什么东西"。举例来说，如果把冰

提前做好的味噌汤。　　　　把味噌也装进盒中摆在旁边。

可以把纳豆、鸡蛋、酸奶等装在无印良品的整理盒里。
取用方便是我一直都很看重的一点。

因为取、放都不方便，第 1 层基本是空着的。不过我有时也会放些茶或水一类的瓶装饮料。

第 2 层空出来留作备用层，其他地方放不下的食材可以放在这里。

第 3 层和第 4 层都用来放提前备好的菜品。

箱里的东西全部放进白色分装盒里，就会分不清盒子里到底装了什么，再说一样一样地"换装"也怪麻烦的，所以，像酱油、料酒、味醂[1] 之类的，我不会特意把它们倒进分装瓶里，而是直接在原包装的状态下使用。

冰箱的收纳空间比以前大了，因此我也时常提醒自己，不能买过多的食材，也不要再添置更多的收纳用品了。

[1] 日本一种类似米酒的调味料。

冰箱门上的收纳

左侧

常用的调味料，比如味醂、酱油之类的，干脆不倒进分装瓶里，直接在原包装的状态下使用。

从左至右依次是炒芝麻、芝麻面、日式高汤粉、胡椒盐、盐。

冰箱门上放的是常用调味料，以及一些冷泡饮品。

管状调味料容易东倒西歪，因此我把它们插在了从百元店买来的管状调味料专用悬挂架上。

我每个月买5千克米，
连同米箱一起放在蔬菜层内保存。
设计简单的米箱用起来非常顺手，是我的心头宝。

意大利面、荞麦面、海苔、谷物麦片等害怕受潮的食品，
可以装入盒子或袋子里冷冻保存。
我把给男友带的早饭——烤饭团提前做出一周的量，放在了冷冻室里。

我十分喜欢餐具。现有的餐具里，每一件我都很中意，我尤其喜欢 iittala [1] 和无印良品的。我选购的都是一些样式简单，并且可以叠放收纳的餐具。

[1] 北欧家居设计品牌，坐落于芬兰的一个名叫 "iittala" 的小镇。

简约朴素的餐具，
适合一切食物

独自生活时，我很喜欢收集餐具，拥有的餐具数量也颇为可观。它们把我用来放餐具的空间撑得满满的，从里侧把餐具取出来也成了一件麻烦事。结果，我常用的餐具翻来覆去总是那么几件。

直到现在，我看见漂亮的餐具依旧有想要据为己有的冲动，不过我尽量把数量控制在收纳空间刚好装得下的程度。

选购餐具时，我会考虑它是否同时适用于日料和西餐，我想用它来盛什么菜品，以及它能不能一物多用。比如，一件餐具是不是既能用来当荞麦面杯，也能用来喝茶，还能用来蒸鸡蛋羹，也就是说使用起来是否灵活方便。

在收纳空间允许的范围内，选择既合自己心意，用起来又灵活方便的餐具，这样在购物时就不会草率行事了。

两个人的小家

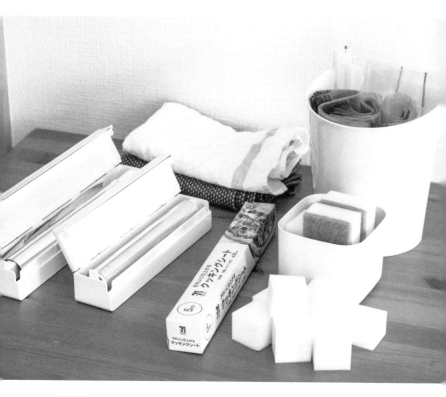

保鲜袋、保鲜膜和海绵擦只要够用就好。用来清洗餐具的海绵擦和用来
清洗水槽的海绵擦都是在百元店买的。抹布是在 Scope [1] 上买的，一块
来自 Georg Jensen Damask [2]，另一块则是无印良品的棉麻巾。

---

[1] 主营家居用品和日用百货的网上商城。可以购买包括 scope 原创品牌在
内的多种品牌的商品。
[2] 创立于 1756 年的丹麦纺织品品牌。

070

保鲜膜和海绵擦，
我也从不囤积

　　保鲜袋和保鲜膜都出人意料地占地方，因此我不会储备过多的这类物品。

　　我把海绵擦分成两种，一种用来洗餐具，另一种用来刷水槽。剪成小块后使用，不仅节省空间，性价比也变高了。刷水槽的海绵擦都是用后即扔，这样就不必再为"脏了的海绵擦该放在哪里"而伤脑筋了。

　　保鲜膜和铝箔纸的使用频率很高，我把它们装进Tower的磁吸式保鲜膜切割盒里，吸在了冰箱上，既轻便，又不占地方。盒子也是白色的，跟冰箱的颜色极为和谐，看上去十分美观。这款盒子能让保鲜膜和铝箔纸变得更加好撕，还不回卷，是我非常喜欢的一款产品。

只要在壶中加入冷萃咖啡粉，就能轻轻松松做出咖啡。HARIO [1] 的水壶保存饮品是把好手，外形也很漂亮。我想再学几样"拿手好茶"，多给它一些表现的机会。

[1] 创立于 1921 年的日本耐热玻璃制造商。

用 HARIO 的水壶
享受"冷泡"的乐趣

　　为了能少买点东西、少制造些生活垃圾，我都是用"冷泡"的方式来泡茶、泡咖啡、泡柠檬水。泡茶时只需在壶中放入冷泡茶专用的茶叶，泡咖啡时则放入冷萃咖啡粉，然后再倒些水就行了。晚上睡前泡上，次日清晨起来便大功告成了，轻而易举。泡柠檬水时也一样，只需加入柠檬片和水即可，简单得很。喝完后，男友也会帮忙重新泡来喝。

　　HARIO 的水壶是玻璃材质的，气味不易残留在里面，污垢也很难附着在上面。圆形广口，方便手洗。当然也能用洗碗机来洗，用开水烫也没问题。

水壶的外形酷似红酒瓶，即使直接摆在餐桌上，也丝毫不失美观。

今年我开始做冷泡高汤和梅子糖浆了。买来熬汤用的海带和杂鱼干，在壶中各放入 10 克，然后只要再倒些水，就能做出美味的高汤了。水量控制在两三天内能把汤用完的量即可。

我都是步行前往超市购物，要把重物带回家并不容易。自从开始用冷泡的方式制作饮品，外出购物也变得轻松起来。

梅子糖浆

在瓶中放入南高梅和冰糖，只要每天搅拌一下，
可口的梅子糖浆就做好啦。

用 HARIO 的水壶制作冷泡饮品

冷泡高汤

做冷泡高汤时，
我用的是无印良品的茶壶。
泡好的高汤可以用来做味噌汤。

第 4 章

开动脑筋，"窄"厨房
也能"宽"利用

既然无法改变租房时厨房原有的颜色，那就让它成为点睛之笔

虽说厨房柜板还是白色的好，然而在选房子的时候，就数这一间的厨房最整洁也最宽敞，因此我们最终还是选择了这间公寓。

我一直在想，有没有什么办法能够充分利用厨房里现有的"红色"，让厨房看起来更加时尚漂亮。最后我决定在选择摆在柜板周围的家电和置物架时，尽量选白色或原木色这类比较自然的色调，从而让红色成为厨房里的亮点。

选购物品时如果只选一种颜色，做起决定来会相对简单，因此一直以来我都避免使用鲜艳的颜色，也不会把房间布置成五颜六色的。多亏了这间厨房，我才又学了一招，体会到了活用色彩给室内装饰带来的乐趣。

由于厨房柜板不是我喜欢的颜色，一开始我险些放弃这间公寓。但现在，厨房成了我在家里最喜欢的地方。

这个架子不会生锈，也没出过什么毛病，直到现在仍在大显身手。有时我还会在架子上安个挂钩，把马克杯也挂在上面。

曾经用过的 Tower 沥水架。不用时可以卷起来，非常方便。

有了悬挂架，
沥水篮就失去了用武之地

　　悬挂在吊柜下方的置物架是在 3COINS[1] 买的。这是我开始独居生活时购入的第一件收纳用品，到今年已经是第四个年头了。我"断舍离"了不少东西，唯独这一件，因为用起来实在太方便了，我一直钟爱有加。

　　它不仅可以用来放置洗好的餐具，而且可以代替沥水篮，是我家里不可或缺的物品。餐具上残留的水能直接滴到水槽里，这样一来，水槽周围就不再湿漉漉的了，餐具也能自然风干。有时我还会把需要手洗的餐具、无法放进洗碗机里的餐具以及常用的杯子放在上面，把它当成收纳架来使用。

　　我家厨房很窄，所以我也没有用过沥水篮。不过我一直在努力寻找替代品，尽量把空间充分利用起来。

---

[1] 日本主营生活杂货类用品的商店，里面大部分是 300 日元即可购得的商品。

把在 BELLE MAISON[1] 买的微波炉架用作置物架。我终于买到了一个既能刚好放进水槽旁边的空隙里，又放得下洗碗机的架子。十分好用，我很喜欢。

白色置物架，
放在任何空间中
都不会显得突兀

买来放洗碗机的架子，价格合适，结实牢靠。不仅可以自由调节高度，而且可以拆分。现在我把它摆在了厨房侧边，用来放一些厨房用品。这款产品设计简约，即使以后搬家了，也能继续派上用场。

多亏有了它，我才得以把厨房里的常用物品都摆在触手可及的地方，做起饭来也方便多了。

[1] BELLE MAISON 是日本千趣会旗下主营服饰杂货、生活家居、家具和日常装饰用品等产品的购物网站。

第一格

最上面一格摆放的是刀叉、筷子一类的餐具和保鲜盒。
摆在这里，用洗碗机烘干后顺手就能放回原处。

第二格

把餐具放在洗碗机里，让洗碗机也成为收纳柜。

电饭锅和电水壶。
隔板可以前后推拉，用起来很方便。

让垃圾箱用起来更顺手

给无印良品的垃圾箱装上滑轮，
做饭时，
可以把它移到自己脚边。

改装一下，在垃圾箱后面安个盒子，
用来装超市的购物袋。
用魔术贴来安装，拆卸时也很方便。

磁吸式置物架上，从左至右依次摆放着洗手液、洗碗机专用洗涤剂、餐具洗涤剂。黑色海绵擦是在 Seria [1] 买的，我用悬挂式钢丝夹把它夹住后挂起来了。放个时钟在这里，会更方便些。

[1] 日本连锁型百元店。

让洗涤剂和海绵擦都"浮"在水槽旁，干净整洁

　　我不喜欢把餐具洗涤剂、洗手液和洗碗机专用洗涤剂直接放在水槽边上，便把它们放进磁吸式置物架里，吸在了洗碗机侧壁上。这种"悬浮式收纳"不占用空间，让水槽周围看起来清爽利落。

　　我也没有使用专门的毛巾杆来挂抹布，而是在水槽旁的架子上安了个磁吸式挂钩，把抹布挂在上面，方便随时取用。

　　三角形的厨余垃圾筐容易"藏污纳垢"，所以我也没有选择它，而是给一个深型方盒套上塑料袋，用来装厨余垃圾。

　　每天睡前，我会把排水口的垃圾清除掉，再用海绵擦清理干净。换成不锈钢材质的以后，排水口清洗起来容易多了，也不会滋生黏糊糊滑溜溜的脏东西了，打扫变得轻松了起来。

用磁铁把厨房用纸和计时器吸在抽油烟机上，可以节省空间。

我把 pasteuriser 酒精除菌喷雾[1] 挂在了
抽油烟机的侧壁上。

[1] pasteuriser77 酒精除菌喷雾，日本 Dover 洋酒贸易株式会社开发的一款
食品级酒精除菌剂。

灶具周围空无一物，
方便每天擦拭

　　厨房每天都要使用，我希望它能一直保持干净整洁。为了让自己能打扫得更勤快些，我尽量不在灶具周围放置任何物品。这样的话，当灶具周围变脏时，不用费力挪开物品，轻轻松松就能清理。做饭时，也不用担心会碰到旁边的什么东西。

　　有时，我会在清洗水槽用的海绵上挤些餐具洗涤剂，把厨房彻彻底底地清理一遍。

　　如果灶具和水槽周围总是干干净净的，我们自然会想让这种状态一直保持下去，使用厨房时也会注意保持清洁，锅碗瓢盆用完之后，也不会不放回原处了。

　　以前觉得打扫厨房是件特别麻烦的事情，现在我勤快起来了，男友使用厨房时也知道要注意保持清洁了。

両个人的小家

两个人的小家

我将餐具的数量维持在水槽上方的收纳橱里刚好放得下的程度，尽量不让餐具增加。底部铺的是厨房专用防尘布。

用"U 字形分隔架"搞定水槽上方和下方的收纳

　　收纳时，我时刻记得要"一目了然"，努力做到哪件物品在什么地方，任何人都能一看便知。

　　如果有了餐具柜，有收藏癖的我一定会收藏到底，没完没了，因此我只好"忍痛割爱"。虽说我一直憧憬能拥有一个餐具柜，里面满是我喜欢的餐具，然而现在，我还是把餐具都放在了水槽上方的收纳橱里。

　　在水槽上方的餐具收纳橱里，每件餐具都有固定的位置。我利用 U 字形分隔架让它们有自己的位置，这样取用方便，回收容易。餐具摞放，取用时会很不便，因此我尽量不这样做。

　　水槽下方的空间有一定高度，我便用亚克力分隔架将其分为上下两层，以便多收纳些东西。厨房专用剪刀、削皮器和较轻的杯子，我都用挂钩挂了起来，免去了收进抽屉里的麻烦，取用时非常方便。

　　我将平底锅等都放在了水槽下方，做饭时随手就能拿出来。一切都以"方便使用"为前提，时刻想着"好找、好取、好收"。

　　锅盖应该放在哪儿，也是我们容易烦恼的问题。我在橱门内侧粘了挂钩，把锅盖挂在了上面。合理利用死角区域，既节省空间，又方便使用。

水槽下方

水槽下方用来收纳一些餐具和厨具。
这个地方容易有潮气，我便没把食品放在这里。

灶具下方

和水槽下方一样，灶具下方也用来收纳厨具。
利用 U 字形分隔架和立式分隔架，分区收纳。

水槽下方·橱门内侧

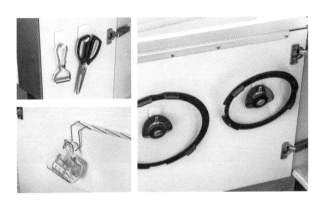

用挂钩挂起来的这些物品，从没掉下来过，取用时方便快捷。

无印良品的收纳柜，刚好能放进冰箱旁的窄小缝隙里。我在洗衣机旁也放了个一模一样的。这个柜子简直太适合狭小空间了。

能严丝合缝放进
死角里的收纳柜

　　我并没有把食用油一类的物品放在水槽下方，因此总有人问我："你到底把它们放在哪儿了？"

　　我把冰箱旁边的空隙利用了起来，在那里摆了一个收纳柜，调味料一类的东西就放在里面。这些东西我不会一下子买很多，而是把购买的量控制在柜子里刚好放得下的程度。就算有些食物可以常温保存，能放进冰箱里的，我还是尽量都放进了冰箱里。

最上层的抽屉比较浅，我用来收纳一些不常用的餐具。第二层抽屉放的是便当袋和海绵擦。最下方的抽屉比较深，放的是托盘、食用油、罐头和调味料一类的东西。我在购买这些物品时，就会选择能放进抽屉里的大小。

左侧

右侧

保鲜膜、铝箔纸和锅垫都被我"吸"在了
冰箱侧壁上。收纳时，我注重的是"不占
空间"和"方便取用"。

放香辛料的架子也是 Tower 的，
跟水槽旁用来放餐具洗涤剂的架
子是同款。

冰箱侧壁也是
一块收纳宝地

保鲜膜和 Ziploc[1] 的密封袋使用频率很
高，我一直想把它们摆在明面上，以便想用时
伸手就能拿到，但总也不知道放在哪里合适。
最终，我总算找到一套"摆在明处收纳法"，
既省去了把东西收起来的工夫，想用的时候又
触手可及。

冰箱的侧壁可以吸住磁铁，是一块收纳宝
地，但这个地方经常被我们忽视。保鲜膜、铝
箔纸以及厨房纸巾，"吸"在冰箱侧壁上，用
起来绝对很方便。我还把锅垫、厨房秤和保冷
袋也都用磁吸式挂钩挂在了冰箱侧壁上。

---

[1] Ziploc 是美国庄臣公司旗下的密封袋品牌，中文常用译
名为"密保诺"。

餐桌也能当料理台

在用餐时间之外，我会把餐桌当成料理台来用，有时也会用作置物台，将买回来的东西暂时放在上面。

我选择的是尺寸偏小的正方形餐桌，为的是不让它在从起居室到厨房的路上挡道。只有我们两个人的话，用小餐桌吃饭也完全不会感到不便。椅子我也大胆选择了没有靠背的款式，面向任意方向坐都没问题，不用时还能收到桌下，非常节省空间。

男友喜欢把纸巾放在伸手就能拿到的地方，所以我在房间里设置了几个"纸巾放置处"。

餐桌是在宜家[1]买的，正方形的款式适用于任何空间。

---

[1] 原名为"IKEA"，瑞典家居卖场。宜家家居在全球多个国家拥有分店。

能够摆放的圆凳也是在宜家买的。椅面是手工粘上去的，布料用的是minä perhonen [1] 的铃鼓布。

用在 Seria 买的粘壁式纸巾盒架来固定纸巾盒。
盒子不会掉落，拆卸也很方便。

---

[1] 由日本设计师皆川明创立的时尚品牌，以纺织面料为中心，其设计涵盖了服装、家具、器皿以及空间设计等领域。

第 5 章

收纳要做到"双方都能
轻轻松松就收拾利落"

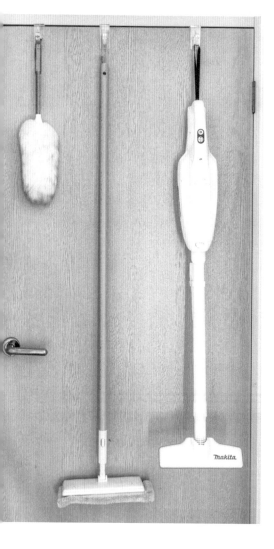

虽说在收纳时，美观也很
重要。但为了不出现"打
开一个盖子，又是一个盖
子"的情形，我一直有意
识地采用"一步到位"的
收纳方式，无论把东西取
出来还是收回去，都只需
一个步骤。

"一步到位"，
别把收纳复杂化

　　我和男友都是怕麻烦的性格。开始二人生活时，我们常常为了"东西收拾好了还是没收拾好"这种小事发生争执。于是我开始思考，究竟应该如何收纳，才能让双方都自觉地把物品随手收拾好呢？最终我探索出了"易取好收，一步复原"的收纳方式。

　　比如，厨房抽屉里的物品经常要用到，我便不往里面放带盖子的收纳盒，尽量做到一打开抽屉，马上就能取出想用的物品。

　　衣服也一样，比起放进整理箱里，更多时候我都选择用衣架挂起来收纳。就连吸尘器都被我挂了起来。

　　收纳时一味追求表面上的整洁美观，不过是一种自我满足罢了。为了避免出现这种情况，我会考虑物品是由谁来使用，在哪儿使用，努力思考出"让物品用起来更顺手"的收纳方式。

sarasa design store 的调味料瓶，样式简单，身形纤瘦，不占空间，用着顺手，我很喜欢。

贴上标签，再也不用
在抽屉里翻找了

一个人生活时，只要自己知道什么东西在哪儿就万事大吉了，因此我几乎没有为"收纳在哪儿"和"如何收纳"而操过心。

然而，开始二人生活后，男友经常问我"你把那个东西放在哪儿了"，用完东西后不放回原处也是常有的事。于是，我选择了"一眼就能看出什么东西该放回哪里"的收纳方式。

比如，在调味料的分装瓶上贴好标签，就能看出瓶子里装的是哪种调料了。我选用的调味料瓶都是刚好能放进抽屉里的大小，用完后该放回什么地方，清楚明了。

如此一来，男友用完物品后也会立即放回原处，两人因为一些日常琐事的拌嘴也少了很多，双方都能毫无压力地自在度日。

无印良品的这款储物架，在过独居生活的时候我就非常喜欢，到今年已经用了 4 年了。以前是当电视柜用的。

用整理盒让每件文具
都有安身之处

不想再为了零七八碎的小物件该放在哪里而烦恼，也不想再为了寻找小物件而满屋乱跑，于是，我把所有的小物件都放进了抽屉里。这样一来，想找什么，打开抽屉马上就能看见，就不会出现两人中的某一方遍寻不见自己要找的东西的情况了。

我以"一目了然"为原则，利用整理盒将抽屉分成了一个一个独立的区域，便于使用物品的人在用完后将物品归位。文具、首饰、干电池等琐碎的物件，都有它们各自的"一席之地"。

无印良品的整理盒能够调整分区的位置。当物品的数量有所变化时，分区也能随之灵活调整，这一点让这款单品变得魅力无穷。

我的信条是"不要大件家具"，无印良品的储物架大小适中，也不是很高，放在起居室里不会让人觉得压抑，我视若珍宝。

给储物架里的收纳空间留出一些余地，万一东西变多了，也不用担心。储物架的上方可以摆放一些应季的装饰品，也有很多其他的用途，方便得很。

放篮子的地方以前放的是无印良品的文件盒。我曾把这里当成暂存文件的地方。

　　排列组合的方式不同，用途也大不一样，这也是我喜欢
这款储物架的一个重要原因。

不知不觉就会变多的笔。我决定，这里就是它们唯一的"住处"。

正中间的手表是男友的。
我把耳饰都逐一放进了小格子里，这样就不会弄丢了。

第 3 层抽屉里放的是药品和暖宝宝之类的物品。
重点是要把药从药盒里拿出来再收纳，
这样比较节省空间。

第 4 层抽屉里放的是干电池、充电器、螺丝刀
等一些琐碎的物品。

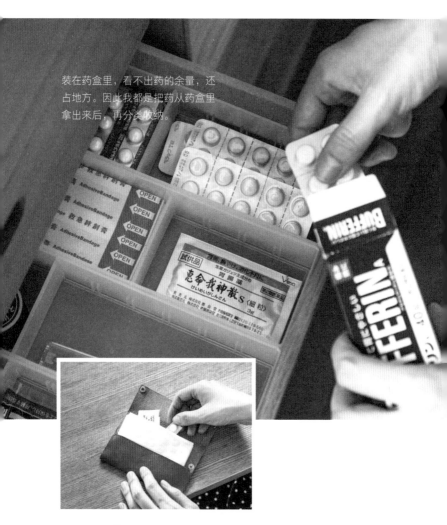

装在药盒里，看不出药的余量，还
占地方。因此我都是把药从药盒里
拿出来后，再分类收纳。

IL BISONTE[1] 的纸巾夹。里面装的是商家做
宣传时在街上派发的手帕纸。

―――――――――

[1] 由 Wanny Di Filippo 创立的意大利皮革制品品牌。发源于意大利的佛罗
伦萨。

常用药和创可贴，
去掉药盒再收纳

　　我会把常用药和创可贴先从药盒里拿出来，之后再进行收纳。我家没有瓶装药，买药时，我选择的都是可分装、易携带的包装。家里的药并没有几种，因此出现哪种症状时该吃什么药、每种药的用法用量，我都一清二楚。像现在这样收纳，所有药的位置都一目了然，十分好找，我也因此而收获了好评。为了防止外出时突感不适，我会拆下几片药，放进随身携带的纸巾夹里。

储物架上的小件物品收纳组合柜。上层的小抽屉里放着钥匙等物品。

积分卡的收纳也做到
"一目了然"

　　我一般都使用手机 App 上的电子会员卡。除此之外，为了避免乱花钱，我尽量不办理积分卡。而像美容院、洗衣店的积分卡，或者就诊卡一类的，由于非办不可，我便在储藏架上准备了一个小抽屉，把它们都放在了里面。男友一般会把卡放在钱包里，但类似就诊卡这种不常用的卡片，平时也都是放在这个小抽屉里。

　　不把卡放进卡包里，这样一来，所有的卡都一目了然，省去了翻找的麻烦。

　　我很少办理积分卡，因此我会在乐天或者亚马逊[1]上购买日用品，以此来获取积分。

---

[1] 乐天和亚马逊均为购物网站。

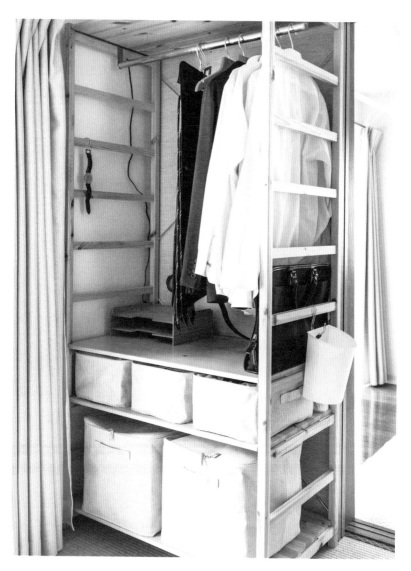

木制的组合式储物架与日式房间相得益彰，跟家里整体的装饰风格也很协调。购买时，我仔细测量了尺寸，确保它能够刚好放进房间里，不会"探头露尾"的。

给男友准备一个"衣物放置处"，
把他所有的衣物都归拢到一处

为了不让男友在工作日忙碌的清晨慌慌张张的，我想了
想能让他在家里"少走弯路"的办法，专门为他打造了一个"衣
物放置处"。

以前，我把他的衣物全都收进了抽屉里，为的是表面上
看起来能整洁一些。然而类似拿完衣服忘了关抽屉、不把衣
服放回原处的事情却时有发生。于是我开始思考，怎样才能
让他更加方便地取用衣物，这也成为我给他打造"衣物放置处"
的契机。西服、领带、手表等，所有上班所需的物品统统归
拢到一处，这样他就不用在家里跑来跑去了。

"摆在明处"的收纳，物品位置一目了然，就连不擅长
整理的男友整理起来都毫不费力。他很满意。

正面

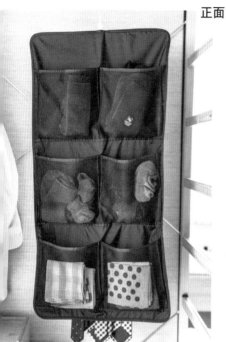

无印良品的挂兜，用来收纳小件物品。口袋里放的是手帕、内衣和袜子。

背面

挂兜的背面有绳扣，可以把领带挂在上面。

118

储物架下层用来收纳当季穿不着的衣服和平时的睡衣。我把它们都装进了无印良品的软盒里，易取好收。这种收纳盒的面料柔软，不仅"颜值"高，收纳力也出类拔萃。

无印良品的文件整理柜，传单和文件都在这里，比如，一些想稍后仔细看看而没有立即扔掉的文件，以及结婚请柬之类的。我自己的这类物品也有专门的容身之所，它们都在起居室的篮子里。

这样做，就能解决
"随手一扔"的问题

男友下班回家，总是把手表和耳机随手一扔，转头就想不起来自己刚刚放在哪里了。

为了让他不弄丢东西，而且到家以后还不用特意把这些小物件收起来，我准备了一块地方，专门供他"随手一扔"。自从我设置了这块区域，男友便乖乖地把一些零七八碎的小物件都放在这里了。

另外，我家只有厨房才有垃圾桶，每次扔垃圾都要特意走到厨房，男友对此颇有微词。于是我在组合式储物架的侧面挂了一个小盒子当作垃圾箱。小盒子旁边摆着棉签，洗完澡后立刻就能取用，男友对这个安排极为满意。

恰到好处的高度，躺着时也一伸手就能够到。壁挂式横板轻薄又纤长，即使把床垫竖起来靠在墙上，它也不会碍事。

时钟和香薰机若想放在枕边，
可以"摆"在墙上

　　我不愿把东西直接摆在卧室的榻榻米上，但又想
把一些必要的物品放在枕边，于是我购入了无印良品
的"挂在墙上的家具"。

　　横板上的指针式时钟和纸巾是男友想摆上去的，
精油香薰机则是我想摆上去的。

　　无印良品的精油香薰机身形小巧，睡觉前放到枕
边，或者在房间里休憩时摆在自己身旁，能够闻到精
油散发出的淡淡清香。托它的福，我每天都感到身心
得到了抚慰，可以睡个好觉。

　　这台精油香薰机是充电式的，用着方便。不用插
电也不用加水，清理起来省时省力。如此轻便好用，
真让人倾心不已。

両个人的小家

IRIS OHYAMA 的 Airy 床垫 [1]，躺上去舒适安逸，让经常腰疼的我也能睡得香甜。

———————

[1] IRIS OHYAMA 为日本一家主营生活用品的公司，Airy 是其旗下的一个产品系列。

把床垫竖起来靠在墙上，
让每个清晨都"零压力"

日式房间的地板上只有两样东西——床
垫和储物架。我下定决心，除此之外，再不
放置其他物品。这样一来，房间便不会变得
凌乱不堪，住着也宽敞。

平时，我们不会把床垫收进壁橱里，早
晨起床后直接竖起来靠在墙上，到了晚上再
放下来，马上就能躺倒入睡，简单得很。不
用"叠被铺床"，忙碌的清晨也能一身轻松。
把床垫竖起来的工作一直由男友负责。

我们把两张 5 厘米厚的床垫叠在一起使
用，有客人来时，就分出一张给客人用。买
这两张床垫，本想分开使用，然而单张使用
又有些薄了，正在发愁的时候，我灵机一动，
想出了平时把两张叠起来用，来客人时，再
分出一张给客人的办法。

床垫的透气性很好，使用了不会发霉或

生螨虫的原材料，因此也不必拿到外面晾晒。夏天睡上去很
凉爽，到了冬天，只要铺一床厚一些的褥子就能对抗寒冷，
也没什么问题。

　　比起我之前睡过的那些床和床垫，这一款睡起来最为舒
适安逸。

两张叠在一起使用。床垫自带
的网罩能够用洗衣机清洗，用
起来方便顺手。

有客人到访时，我们也会
将床垫折起来。壁橱里留
有足够的空间，可以把床
垫收进去。

用不同床垫满足冬夏的不同需求

床垫是 NITORI 的 N cool w-super[1] 系列产品。冰冰凉凉的触感，跟夏天简直是绝配。

这套寝具是 NITORI 的 N warm super 系列产品[2]。冬天我会用烘被机先暖暖被褥再睡觉。被褥松软温暖，让人幸福满满。

---

[1] N cool 系列是 NITORI 出品的冷感面料系列产品。该系列产品又分为 N cool、N cool super 和 N cool w-super 等产品线。

[2] N warm 系列是 NITORI 出品的吸湿发热系列产品。该系列产品又分为 N warm、N warm super、N warm moist、N warm moist super 以及 N warm light 等产品线。

第 6 章

想方设法让房间各处
都宽敞清爽

把内衣和袜子装进网
兜里，再用S形挂钩
把网兜挂在悬挂杆上。

MAWA [1] 的衣架就算用来挂对襟的衣服或者针织衫，衣
物也不会滑落。肩膀部分的弧形设计还能防止衣物变形。

[1] 创立于1948年的德国品牌，主营金属衣架及木质衣架。

放个晾衣架，
让壁橱变身为衣柜

---- 无印良品用来收
纳琐碎物品的挂
兜。在男友的"衣
物放置处"也有
个一模一样的。
非常好用，我和
男友都很喜欢。

---- 口袋里放的是打
底裤和长筒袜。

　　我没有大衣柜，因此也就没有挂
衣服的地方。我也曾犹豫过要不要把
所有衣服都装进衣物整理箱，再全部
收进抽屉里，但最终还是选择在壁橱
里放个晾衣架，把它改造成了衣柜。

　　把衣物挂起来收纳，既省去了叠
衣服的工夫，衣服也不会变得皱巴巴
的，只要往衣架上一挂就行了，多轻
松。自己都有哪些衣服也一目了然，
可以避免再次购入类似的衣物。

　　我是好"衣"之人，不过考虑到
收纳空间和经济能力都有限，最近买
的都是些款式简洁的衣服，既适合上
班穿，也适合私下穿。也正因为这些
衣服款式简洁，我会特意在穿搭上多
花些心思，这样才不至于给人留下穿
衣风格千篇一律的印象。

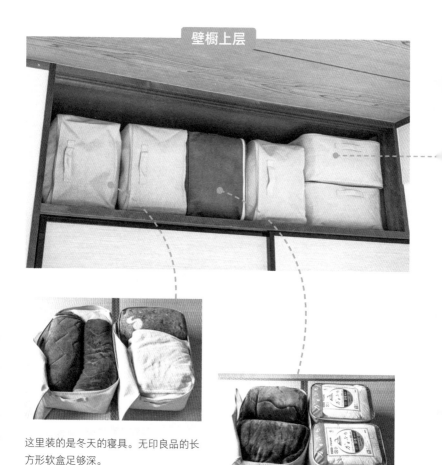

这里装的是冬天的寝具。无印良品的长方形软盒足够深。

这里装的也是冬天的被褥等寝具。寝具自带的收纳袋，我也好好保存并且充分利用了起来。

这里装的是一些当季穿不着的衣物。我把
衣物数量控制在整理盒刚好装得下的程度，
不让自己买太多衣服。

壁橱下层

壁橱下层用来收纳寝具。我用折叠桌代替了矮台。

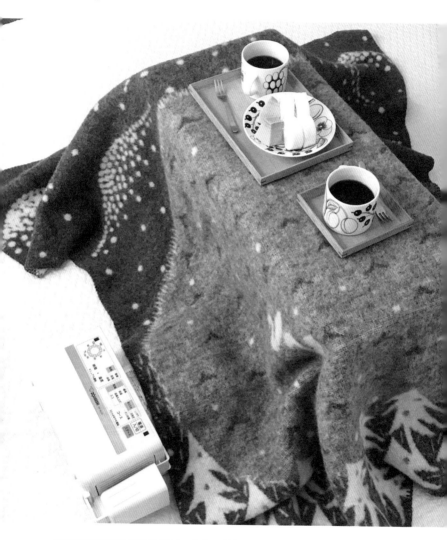

脚下的电热毯传来阵阵温暖，桌上再盖条毯子，就是一个自制被炉。加上烘被机，就更暖和了。

电热毯用途多多，
是出色的应季家电

　　家里没有被炉，我便用同事教给我的方法自制了一个，一直用着。

　　虽说有时也会用空调来制暖，不过我们得以度过寒冬，大部分还是这个自制被炉的功劳。

　　以前用取暖器时，电费非常高，所以开始二人生活后，我就把它处理掉了。

　　拿自制被炉和烘被机一起使用，简直温暖如春，推荐大家也试试看。

夏天，可以把电热毯铺
在地毯下面，当软垫用。

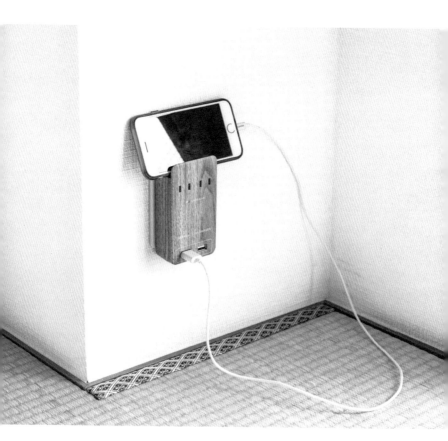

在乐天上买的木质插线板。有两个电源插头和两个 USB 接口。给手机充电时，可以将手机放在上面。这款插线板和我家的装饰风格也很相称，我很喜欢。

藏起电线，让房间
看起来清爽利落

我家不大，所以插座和家电的电线会让家里看上去乱七八糟的，我一直很介意这一点。

我家家具不多，要把插座和电线都藏起来实属不易，不过我还是想方设法不让它们露在外面。在一开始选购家电时，我便会尽量选择充电型的，把电线都"扼杀在摇篮里"。

日式房间里的插座有些泛黄了，我看着不顺眼，于是买了一个木质的插线板插在了上面。原木色调和榻榻米的风格也很协调。

给手机充电时，可以把手机直接放在插线板上，清爽利落，这一点也深得我心。

即便是一些小物件，我也坚决不放在地板上。这样在打扫房间时，就会畅通无阻，轻松方便。

把 Wi-Fi 路由器放在储物架顶端

我把路由器放在了日式房间储物架的顶端，这个位置离天花板很近，即使站起来也很难看到，不仅不显眼，打扫起房间来也不碍事。

无线吸尘器的充电器

我把 MAKITA [1] 吸尘器的充电器放在了 NITORI 的小篮子里。竹篮的侧边有把手，插线板的电线可以通过把手穿进来。

[1] 日本牧田株式会社，生产专业电动工具的制造商。总部位于日本国爱知县安城市，创业于1915年。主营业务包括电动工具、木工机械、家用及园艺用机器等的制造和销售。

曾经放路由器的地方

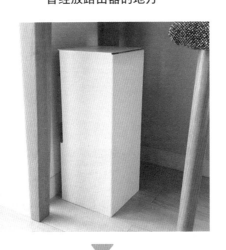

用无印良品的钢架把路由器的电线藏起来。
钢架不仅隔热，还能完美隐藏电线。

我家是旧式的布局，餐厅和门口相连，因此在玄关，我干脆没有设置任何用于收纳的场所。

努力不让厨房旁的玄关
散发出凌乱的生活气息

是不是有很多朋友都在为玄关空间狭小，无处用于收纳而感到烦心呢？

我家也一样。由于玄关紧挨着厨房，我便没有在玄关处放置鞋柜和伞架。偶尔把鞋放在玄关时，一人最多只能放一双。

我在门上装了磁吸式挂钩，一排三个，钥匙会固定挂在这里。这排挂钩在我家还有一个作用，那就是可以挡住门上的猫眼。

淋过雨的伞要在外边充分沥干水分后再带进家门，挂在单独的磁吸式挂钩上，第二天一早就彻底干了。

我在玄关旁的墙上装了一面壁挂式的镜子，用来整理仪表。挂在墙上不占空间，临出门时还能照照镜子，方便极了。

在玄关旁挂面镜子

在门上安装挂钩

家里没有单独的洗脸台，这里便是我每天吹头发、烫头发和化妆的地方。我把化妆用具都装进无印良品的收纳盒，再放入手提袋中拎到这里。

把钥匙挂在这里，就不会忘带了。

时刻想着"摆出去一双就收起来一双"，尽量不把鞋摆放在玄关处。

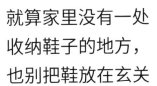

就算家里没有一处
收纳鞋子的地方，
也别把鞋放在玄关

　　玄关空间狭小，没有鞋柜。更衣处附近的储物架是房间里原来就有的，我便划出那个储物架的三分之一用来收纳鞋子。

　　以前，为了穿搭，我拥有的鞋子着实不少。然而它们的出场机会却并不多，我翻来覆去穿的总是固定的那几双鞋。于是，我一咬牙把穿不着的鞋子都处理掉了。

　　放鞋的架子虽没紧挨着玄关，不过也就两三步的距离，走过去拿双鞋倒也不觉得费事。

　　我们两个人对于鞋都有自己的一
些讲究，只买既合脚又合心的。既然
买的鞋都品质上乘，自然对每一双都
钟爱不已，加倍爱惜。

拽住把手轻轻一拉，轻轻松松就能把鞋取出来。
就算叠放收纳，鞋盒也不会变形，
非常结实耐用。

我把鞋装进在 Can Do [1] 买的鞋盒中，一双一双，叠放收纳。鞋盒是半透明的，从外面也看得出里面是哪双鞋，我很喜欢这一点。

---

[1] 日本连锁型百元店。

用木质置物架将"一无所有"的
卫生间打造得温馨舒适

卫生间里没有固有的收纳空间，为了方便打扫，我尽量不把东西放在地板上，而是安装了无印良品的置物架。

卷纸我最多储备 3 卷。不占空间，便于收纳。体积小巧，买完后轻轻松松就能拎回家。

卫生间里也没有毛巾杆，我便在墙上装了一个木质挂钩。

我用薄荷油代替了除臭剂。只需在卷纸的侧面滴上几滴，瞬间芳香四溢，而且香气比精油还要持久，性价比也很高。到了夏季，驱虫也是很管用的。

装上置物架

卫生湿巾和马桶清洁湿巾，我都放了无印良品的聚丙烯湿纸巾盒里。无印良品的产品具有良好的互通性，湿纸巾盒放进置物架里，正合适。

我使用的卷纸，一卷就顶三卷长，经久耐用，完全不必储备。

用薄荷油代替除臭剂

我曾经用过除臭剂和室内芳香剂，但相较而言，还是薄荷油的香气传得更远，也更为持久。

装个挂钩挂毛巾

无印良品的挂钩，上面挂的是中川政七商店[1]的条纹纱布方巾。

---

[1] 1716 年创立于奈良，以手工传统麻织品起家，现在主营工艺品和生活杂货。旗下拥有众多品牌。

为了防止发霉，我没有把物品直接放在地板上，而是让它们"浮"起来。
洗完澡时，我会将带着余热的淋浴头面向墙壁挂好。

窄小的浴室里，
物品要"挂起来"，
"统一成纯白色调"是关键

　　我家浴室很小，置物架一类的东西更是一样也没有。刚刚搬来的时候，我很不喜欢这间窄小的浴室，也很发愁浴室里的东西该如何放置。后来装上了 NITORI 的毛巾架，把洗发水什么的都摆在了上面，尽量想办法让浴室显得宽敞些。

　　以前，我也尝试过在墙上装磁吸式挂钩，可我家的墙壁是出租屋里极其常见的那种有些粗糙的墙壁，吸盘根本就吸不住，要么就是刚安好就马上掉落下来，要么就是会生锈。

　　沐浴时用的香皂是牛奶香皂。我把磁吸式香皂架装在了镜子上。这样一来，香皂盒不会动不动就变得滑溜溜的，香皂也不会在泡水后"瘦身"了，实在是方便。

两个人的小家

NITORI 的 按 压
式分装瓶是广口
的，可以将替换
装连同包装袋一
起塞进瓶子里。

DULTON [1] 的 磁 吸
式香皂架。带吸盘，
能把香皂结结实实
地固定住。

[1] 日本设计品牌，主营餐具厨具、家居用品及生活杂货。

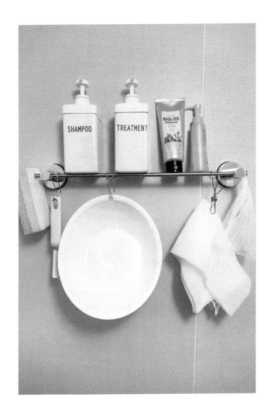

从左至右，下方挂的依次是清理浴室用的海绵擦、清洁刷、洗脸盆、毛巾，还有洗脸时用的起泡网。上方依次是洗发水、护发素、发膜以及卸妆油。

Soil [1] 的硅藻土牙刷筒。
牙刷即使刚用完就放进
去，水分也能被吸收得
干干净净。

无印良品的湿纸巾盒里
放的是洗衣球。

[1] 日本 Isurugi 公司旗下
的品牌，主营以硅藻土为
原材料的家居生活用品。

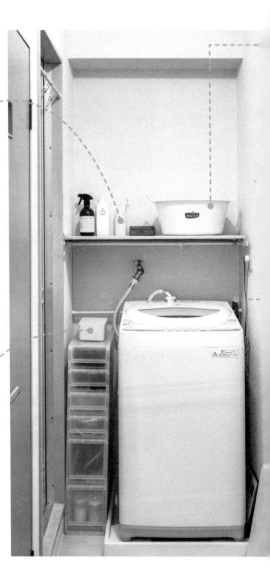

Freddy Leck [1] 的浴盆，不仅能用来放毛巾，还能当浴篮使用。有时我也会用它来泡脚。

死角区域也别浪费，充分利用起来。我在洗衣机后边架了一根悬挂杆，把除霉剂挂在上面。

我没有用浴室防滑垫，而是用的硅藻土脚垫。

[1] 创立于德国柏林的新式洗衣房，现已登陆日本。同时还拥有线上及线下的杂货店，主要售卖一些家居用品。

既然没有独立的洗脸台，那就动手改造一个『多功能』洗衣间

大房子一般都配备独立的洗脸台，这块区域往往也被用作更衣间。然而，我家没有这样的配置。因此，位于浴室旁的洗衣间，除了摆放洗衣机，还承担起了"更衣处"的职责。

为了少走几步路，凡是浴室里用得到的东西，我都想尽

量摆在离它近一些的地方。于是，我在洗衣间也放了一个无印良品的储物柜，跟冰箱旁边的那个一模一样。

这款储物柜适用于狭小空间，容量却不小，在像我家这样的小房子里，大有用武之地。

由于没有洗脸台，我们都是在浴室里刷牙。我把两个人的牙刷放在了洗衣间，牙膏则用钢丝夹夹起来，挂在了浴室门的把手上。

洗衣机旁边的储物柜

第1层

这里放的是男友的内衣。

第2层

用分隔板给抽屉分区，
分别放入发蜡和剃须刀
等物品。

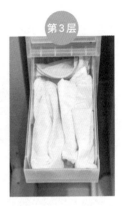

第3层

我把无印良品的洗衣袋
放在了这里。

第4层

每天清晨的必备之物
——卷发棒。

第5层

吹风机，我和男友共同
使用。

第6层

打扫时用的旧牙刷以及
清洁剂等。

両个人的小家

Scope 的毛巾上带有孔眼和圆环，
方便悬挂。

我在浴室的入口安了
一根悬挂杆，用来挂
洗澡时用的毛巾。

与其准备一块浴巾，
不如准备两块洗脸巾

　　我没有浴巾，取而代之的是两块大号的洗脸毛巾。因为在浴室里会先把身上和头发上的水弄干，之后才用毛巾擦，每人每天用一块毛巾就足够了。

　　浴室里的用品基本都是白色的，因此我想用清爽的蓝色来点缀一下，便选择了这款毛巾。

　　毛巾用久了以后都会变得硬邦邦的，不过我现在用的这款质量很好，即使清洗时不用柔顺剂，触感也非常舒服。

　　有了毛巾的这抹蓝色，整个房间瞬间焕发出了光彩，氛围也大不一样了。

网眼洗衣袋和不锈钢晾衣架都来自无印良品。
样式简单，很合我的心意。

寻寻觅觅，终于发现了
这款折叠式网眼洗衣袋

　　从洗衣间到阳台要经过起居室，因此洗衣袋便成
了必不可少的物品。然而，大多数的洗衣袋体积都不小，
非常占用空间。我尝试了各种各样的款式，寻寻觅觅，
才最终发现了无印良品的这款网眼洗衣袋，它不仅材
质柔软，折叠起来后，身形还很小巧。也正因如此，
我才得以把它收纳在洗衣机和墙壁之间的缝隙里。

　　我去洗衣店或者投币式洗衣房时，也会使用这款
洗衣袋。由于是折叠式的，带回家时也不觉得碍事。

　　至于晾衣架，我则装进手提包里，放在了西式房
间的阳台附近。这算得上我为数不多的直接放在地板
上的物品了。

在房间里晾衣服时，我会把衣服挂在负重较大的悬挂杆上晾晒。
梅雨时节，衣服难以晾干，这时就把电扇也用上。

晾衣服时，我会在屋里就把所有的衣服都在衣架上挂好，再一起
拿到屋外晾晒。站在屋里就够得到晾衣杆，不必进入阳台，也就
省去了换鞋这个步骤。

想要用衣架时，若还要特意去取，未免费时
费力，我便把衣架直接放在了地板上。

第 7 章

让打扫变得简单起来

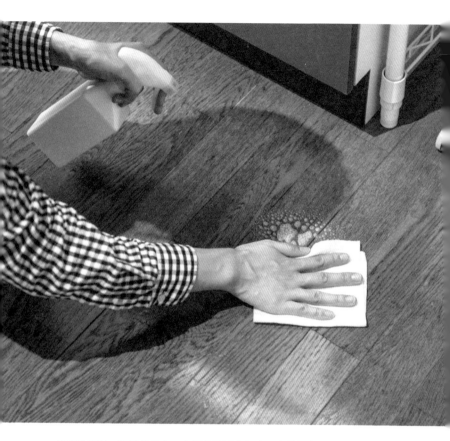

清理地板时，我用的是有一定厚度的厨房纸巾，这种纸巾可以湿用，反复打湿也不会破。我擦完地板后会顺便用它把窗户和窗框也擦一下，然后再扔掉。

清扫工具和洗涤剂要"少而精"，做到"一物多用"

　　我之所以采取不把物品放在地板上的收纳方式，很大程度上是希望打扫房间时能轻松一些。

　　虽说市面上有不少清扫工具用起来都十分方便，但我不想让它们占据太多空间，因此一直提醒自己，要做到"工具少，勤打扫"。清扫工具少了，管理起来也省心，购物的频率也会降低，在日用品上的花销也减少了。

　　比如说，清洁窗框时，我会用旧牙刷来代替刷子。打扫阳台时，除了使用刷子，我还会用厨房里的旧海绵擦来擦洗。

　　比起独居时，现在房间更容易变得脏乱。想要保持干净整洁，关键就是要"勤打扫"。

把家中为数不多的洗涤剂装进分装瓶里

为了不让洗涤剂摆得到处都是，
卫生间、浴室、厨房、木地板的清理，
我只用一瓶 UTAMARO 清洁喷雾就全搞定了。
除此之外，
也只有些柠檬酸、小苏打之类的了。

洗碗机专用洗涤剂

洗碗机专用洗涤剂用的是"绿魔女"[1]洗碗粉。为了省去每次取用时都要用小勺盛取的工序，我把它倒进了 Seria 的调料瓶里。

存货都是"小包装"

小苏打、柠檬酸以及氧化性漂白剂都是在 DAISO [2] 买的。小包装不占地方，用于水槽周边的清洗，效果相当好。

---

[1] 日本 MIMASU CLEANCARE 公司旗下品牌，主营各类洗涤剂及化妆品。

[2] 日本连锁型百元店。中文常用译名为"大创"。

物品用完后不"物归原处",以后整理起来会更麻烦。
因此我选择将"随手整理"贯彻到底。

做家务，
要"不积攒，勤归零"

　　物品用完放回原处，东西脏了立刻清洗，房间乱了马上收拾，有了垃圾尽快扔掉，这些都是再平常不过的事情。然而，想让房间时刻保持整洁有序，需要的恰恰就是随时记得把每一件家务都"清零"。

　　工作辛苦了一天，下班回到家中，对家务放任不管、置之不理，这对我们两个来说，也是无可奈何的事情。不过，为了不让事情越积越多，我们仍旧决定，家务一定要"清零"！

　　双方都养成随手整理的习惯，无须互相提醒，家务也能随时"清零"。

　　和他人共同居住时，"体谅"尤为重要。最近我常想，双方都能自在行动，而不是互相看着对方的脸色生活，才是最可贵的。

厨房的墙壁上一旦发现脏污，马上动手擦拭。平时就把所有地方都打扫得干干净净，连边边角角都不放过，这样一来，哪怕只有一点脏污也会非常显眼，自己打扫的动力也就会增强。

用准备扔掉的旧海绵擦
擦洗水槽周围，
连水槽壁也别放过

厨房是我们每天都要使用的地方，为了能够提起对做饭的兴趣，我希望这里能够时刻保持整洁。一旦发现水槽旁有了脏污，我会立刻清理干净。每天洗完碗后，在旧的餐具海绵擦上挤一点中性洗涤剂，把水槽的上方、内部和水槽壁都擦洗干净。想要擦掉油污的话，可以用厚一些的厨房纸巾来擦洗。

每天洗完碗后，都把水槽擦洗干净。在旧的海绵擦上挤一点中性洗涤剂，然后"唰唰唰"地用力擦拭。

灶具周围极易滋生污垢，我都是用 UTAMARO 清洁喷雾来清理。
吃过晚饭做善后整理时，"咻"地一喷，迅速擦净。

清理煤气灶具时
大显神通的
UTAMARO 清洁喷雾

　　我们每天都要用煤气灶，灶具周围动
不动就会变脏。我没有在灶具旁摆放任何
物品，这就导致污垢更加显眼，让人自然
而然就能注意到，并且产生"一定要把它
擦干净"的想法。

　　我们两个人都养成了这样的习惯——
一旦发现厨房某处有污垢，即刻清理。平
时用完厨房后也马上打扫，让它整洁如初。

　　虽说只是擦擦而已，平日里，我们也
会坚持每次用完炉架后都把它擦干净。到
了周末还会用水清洗，努力让它保持光亮
如新的状态。

　　平时不擦洗，就会有顽固的污渍牢牢

粘在炉架上，正因如此，我才格外注重厨房的清理与打扫。

让人意想不到的是，微波炉里也很容易"藏污纳垢"。对此，我也尽量做到"污渍一经发现，即刻消灭"。这样，就算不加洗涤剂，单纯用水也能把污渍擦得一干二净。

至于顽固的污渍，可以在碗中加入水和小苏打，放入微波炉中加热，这样污渍就会"松动"一些，然后就能去除干净了。

冰箱，我会一周清洗一次。我从来不买过量的食材，冰箱一周就会空一次，我也就借此机会对冰箱进行清洁。

这可是新买的冰箱。为了能干干净净、长长久久地使用，除了大扫除时，我每周也一定会清洗一次。

冰箱内部，我会用 pasteuriser 酒精喷雾来清洗，遇到特别显眼的污渍，就用厚一些的厨房纸巾，仔细擦拭。

把炉架摘下来直接用水冲洗，能够更为迅速地清洗干净。

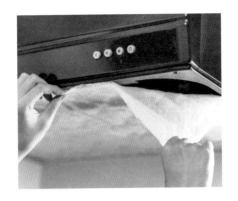

抽油烟机的防油纸每三个月更换一次。

一周一次的冰箱清洗。
平日里勤清洗，到了年末大扫除时，
就不用手忙脚乱了。

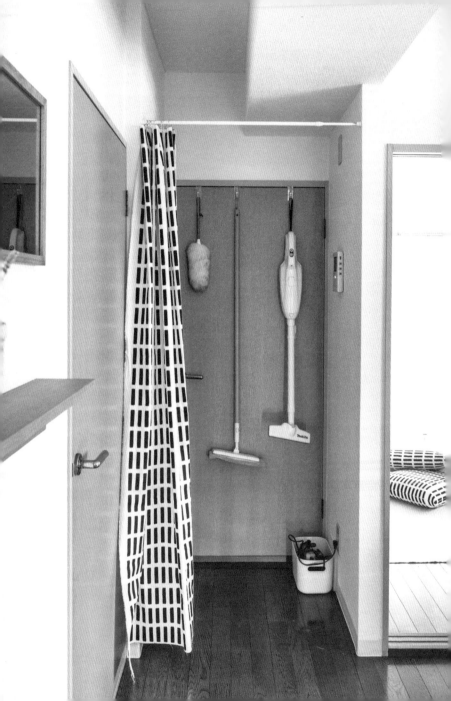

无线吸尘器，
让清扫"速战速决"

　　我家不大，家具也少，打扫房间时不用把东西挪来挪去的，因此大约 15 分钟就能打扫完整间屋子。最后再擦擦窗框，就算大功告成了。

　　我让清扫工具也从地板上"浮"了起来，用在百元店买的挂钩把它们挂在了正对着玄关的卧室门上。从玄关看去，清扫工具一览无遗，所以我架了根在百元店买的挂杆，在上面安上窗帘环，挂起了布帘。平时布帘都是拉开的，有客人来时再拉起来，把清扫工具遮住。

　　打扫起居室和日式房间时，我用的是 MAKITA 的立式吸尘器。即便没有专用的地毯清洗机，发现垃圾和灰尘时，用它也能迅速清扫得干干净净。

休息日，先用吸尘器把灰尘大致吸净，再把厚一些的厨房纸巾浸湿，
搭配 UTAMARO 清洁喷雾，擦拭木地板和置物架等。

家里东西不多，置物架也能勤打扫。

平时拉起布帘

用布帘把立式吸尘器、拖把、
掸子遮起来。

给地板打蜡时在拖把上缠上抹布。
半年打一次蜡。

我用的洁厕剂是凝胶型的"超
强力洁厕灵"[1]。这款洁厕剂
的包装花里胡哨的，我把它放
在了马桶后面，从正面看不到。

[1] 庄臣公司旗下的洁厕产品。

凝胶型洁厕灵，
让马桶"不用刷也干净"

感觉卫生间有点脏了的时候，我就会进行清扫。清扫时用婴儿湿巾和 UTAMARO 的清洁喷雾来清扫地板、墙壁和马桶。我用的婴儿湿巾能溶于水，用完后可以直接扔进马桶里冲走。而且，婴儿湿巾可以同时充当卫生湿巾和马桶清洁湿巾，这样一来，就不用添置更多的物品了。

进行每月一次的"精细打扫"时，我会戴上一次性塑料手套，用婴儿湿巾"吭哧吭哧"地擦洗。

凝胶型的洁厕灵，无须用力刷洗，也能去除马桶边缘的污渍，十分方便。

为了便于打扫，卫生间的地板上，我也没有放置任何物品。卫生间里既没有铺脚垫，也没有装马桶坐垫，日历、海报、绿植也是一概没有。

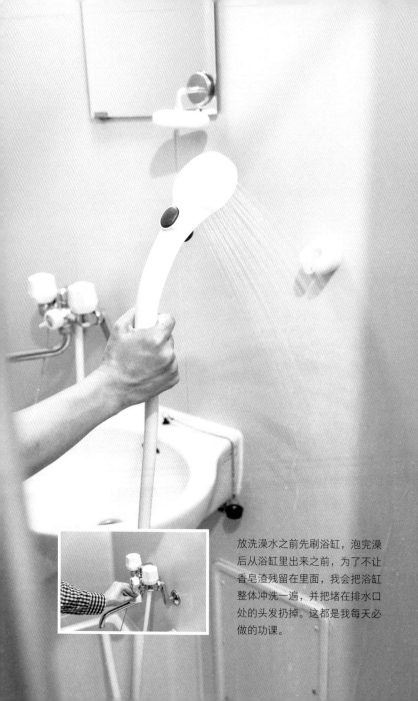

放洗澡水之前先刷浴缸，泡完澡后从浴缸里出来之前，为了不让香皂渣残留在里面，我会把浴缸整体冲洗一遍，并把堵在排水口处的头发扔掉。这都是我每天必做的功课。

每月 26 日是
"浴室精细清扫日"

　　24 小时都开着换气扇，第二天浴室里基本就干了，这样便不会生霉。浴室里尽量少放东西，让洗发水瓶之类的物品从地板上"浮"起来，可以防滑。为了不被淋浴头打湿，我干脆把它们放在了高处。

　　东西本来就少，还不放在地板上，这便使得打扫浴室成了一件相当轻松的事情。

　　我不想添置过多的洗涤剂和清扫工具，却又想让浴室保持干净整洁，于是决定每天清扫，不让浴室里滋生顽固污渍。

　　我把每个月的 26 日定为"浴室精细清扫日"，每月一次，精细清扫浴室。

　　我现在用的清洁用品有 UTAMARO 清洁喷雾、氧化性漂白剂、柠檬酸和除霉剂。

第 8 章

让两个人的生活维持
恰到好处的平衡

像是"起居室归谁使用"这类问题，我们之间并没有明确的规定。
把想用的房间布置成自己想要的样子，然后去用就好了。

起居室和日式房间，
有时也是我们各自的
"专属房间"

　　到了休息日，虽说大部分时间里我们会一起外出，然而有时候，我们也会把起居室和日式房间当成各自的"专属房间"，在里面放松一番。

　　平日里两人都忙于工作，所以会格外珍惜周末一起谈笑的时光。但尽管如此，我感觉，有时我们仍旧需要独属于自己的时间和空间。

　　在日式房间里铺张毯子，感觉立刻大不相同，我很享受这种变化。

　　将起居室和日式房间作为各自的"专属房间"使用时，虽说空间不大，我们也能在里面悠闲自在地做自己喜欢的事情。

　　我会在起居室里拾掇拾掇、整理整理，发发Instagram，收集收集收纳用品的商品信息，或者做做伸展操、足疗，读读书什么的，来度过独处的时光。

做家务的规则如果制定得过于细致，会让双方都有压力，因此，
我们的规则很简单——谁能做，谁就做。

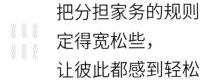

把分担家务的规则
定得宽松些，
让彼此都感到轻松

两个人共同生活，"分担家务"就会成为吵架的诱因。我们决定，不把分担家务的规则制定得过于细致。男友天天早出晚归，我便把早上扔垃圾和整理床铺的活计交给了他，其余的则由我来负责。

起初，我们也会为家务的分工而起争执。然而渐渐地，我们领悟到，由于彼此生活节奏不同，互相体谅才更为重要。

现在，即使没有十分明确的分工，其中一方发觉有家务需要做时，也会自然而然地动手去做。我们也体会到，假若有一方因为太累晚上没洗衣服就去睡觉了，另一方能"补位"，才是最重要的。

为了达到年度存款目标，我们会定好每个月存多少钱，再把剩余的用作
生活费。我会时常核查一下购物小票和收据，把没用的都处理掉，尽量
做到不积存。

粗略地做出每周的
家庭开支预算

　　两个人共同生活，财务问题是个大难题。谁来管钱，如何管钱，都免不了成为吵架的缘由。

　　我们会把一个月内必要的花销分为伙食费、日用品支出、社交支出、特殊支出等，分门别类地放进无印良品的护照包里。

　　我会按周做出预算，把钱按类别分好。如果是预算之内的花销，可以放开手脚地花。万一不够了再在当月的预算范围内做出调整。

　　我们也经常使用信用卡，为了更方便地管理财务，我们会规定好每月的信用卡使用额度，并且只在固定的店面使用信用卡消费。这样比记账还省事，做起财务管理来也方便多了。

背包里装的是非常时期使用的食品、可以当卫生湿巾用的婴儿湿巾、一次性筷子、军用手套、口罩、手电筒、打火机。水和罐头则放在外面。

两人份的防灾用品
只有这些而已

　　在我用作鞋柜的储物架里，储备着两人份的防灾用品。

　　平时，家里食品和日用品的储备量都很少，因此这些既是防灾用品，也是储备粮。

　　虽说收纳空间有限，但能让两人安心度过非常时期的物资还是要储备些的。

　　为了不浪费这些供非常时期使用的储备粮，我选择的都是保质期较长的食品，并且会定期确认食用期限，这一点十分关键。快过期的食品，我会把它们当作平时的晚饭，美滋滋地享用掉。

虽说我们的背包原本就不多，然而，与其各买各的，
倒不如买两个人都喜欢且能共用的。

手帕和背包之类的物品，
能共用就共用

我们的生活原则是"不持有多余物品"。正因如此，我们一直坚持能共用的东西就共用。

刚刚开始二人生活时，类似吹风机、指甲刀之类的东西，我们都是一人一个。后来商量了一下，决定减到两人共用一个。

如今，我选购物品时，会尽量选择色彩单一、款式简单、男女通用的物品。

睡衣也一样，夏天的睡衣我会选择男女都能穿的款式。想尝试一下宽松风的穿搭时，我就会把男式的T恤和针织衫拿来穿穿。买双方都能灵活搭配的单品，可以互相借用，彼此的穿搭风格也更丰富了。

两个人的小家

睡衣是男式的。然而女士把半袖衫和短裤当家居服穿也完全没问题。因此，我拿来穿也是常有的事。

为了能够双方共用，背包和帆布包我选择了黑色和蓝色。

中川政七商店的 motta [1] 手帕。我有时也会用来包便当。

---

[1] 中川政七商店旗下专业手帕设计品牌。

通勤包里装的是手帕、纸巾夹
（里面放的是止痛药和肠胃药）、
折叠伞、耳机、钥匙、分装包，
还有便当和点心。分装包里装
的是粉饼、唇彩、口红、发蜡（也
当护手霜用），以及口罩。

通勤包里的物品也要
"精简到底"

上班路上，我会用手机读书或看剧，因此，通勤包用的是可以解放双手的双肩背包。我在办公的地方准备了化妆品、针线包和常用药，将上班路上要带的东西精简到最少。

我有两个无印良品的网眼分装包，一大一小，"套娃"式使用，包中套包，把所有小物件都集中到了一起。

分装包轻便小巧，从外面能够看出里面都装了哪些物品，这样，找东西时便不用在包里乱翻一通，还能避免丢三落四。

有时，我也会在 Instagram 上发一些对二人生活的抱怨和牢骚，大家总是很理解我，还给我写评论，这都让我变得更加客观，进而能够去寻找解决问题的方法。大家暖心的评论，一直鼓舞着我。

我在 Instagram 上
受到了不少启发

精简物品，减轻家务负担，控制物欲，每天都轻松快乐地生活，这是我开通 Instagram 的初衷。

一开始，我想的是"既然要发到 Instagram 上，那就把家里收拾得整洁一些吧"。也正是出于这个理由，原本苦于做家务的我才动起手来。渐渐地，"发 Instagram"成为我整理房间的动力。托 Instagram 的福，如今，我做家务时都开开心心的。

不知不觉间，我收获了许多朋友的关注，在室内装饰、整理收纳和日常生活等方面还得到了称赞，我真是满心欢喜。如今，Instagram 已经成为我生活的一部分，也成为我工作和持家的动力。

今后，我也会怀着感激之情，继续在 Instagram 上分享我认为还不错的生活创意、生活信息，为了能够给和我有着同样烦恼的朋友带来帮助，我会坚持不懈地把 Instagram 更新下去的。

两个人的
小家

的"心头好物"都写进了书里。若是多少能供大家参考参考，那就再好不过了。

我发觉，在两个人的共同生活里，我最看重的一点是"让彼此都生活得没有压力"。之所以开始像现在这样的"简单生活"，也是出于一个极其单纯的理由——"要活得开心"。

比起"虚有其表"，换成"让双方都觉得方便"的收纳方式后，我们两个都变得更从容了，也没再发生过小的争执。现在，忙的时候，我们会互相体谅、互相帮助，两个人的日子过得很开心。

一直以来，我都过着再平凡不过的生活，如今居然能出书，这都多亏了那些喜欢看我的 Instagram，并一直支持着我的朋友。真的非常感谢大家。我也曾因为"房子太老""房间太小""男友不善整理"而多次萌生过放弃的想法，不过最终我还是把"简单生活"坚持了下来，实在是万幸。

读了这本书，如果能有更多的朋友觉得"东西少了，压力小了，两个人的生活更加舒适惬意了"，我会无比开心的。

沙织

后记

在有幸作为作者之一参与了素晴舍《在狭窄房间里清爽舒适地生活》一书的编写之后，我又收到了要给我出书的消息。

刚刚得知这个消息时，我虽欣喜不已，但同时又觉得"我不过就是个普通的白领而已，能写书吗"，从而感到十分不安。

这时，出版社的工作人员对我说："为了双方都能自在地度日，沙织小姐在生活中做出了很多努力，你把这些原封不动地写下来就可以。"听到这番话，我的心情轻松了不少。

写书时，我回看了自己曾经发过的 Instagram，以及我的粉丝们写给我的评论，再次真真切切地感受到，和我一样在狭窄房间里过着二人生活，并且有着相同烦恼的朋友，可真是不少！

从那以后，我决定：我要让编写这本书成为一个契机，即使微不足道，我也希望它能给读者带来一些帮助，让他们的生活变得更加舒适惬意。以此为出发点，我几乎把我所有

© 中南博集天卷文化传媒有限公司。本书版权受法律保护。未经权利人许可，任何人不得以任何方式使用本书包括正文、插图、封面、版式等任何部分内容，违者将受到法律制裁。

著作权合同登记号：图字 18-2021-163

图书在版编目（CIP）数据

两个人的小家 / （日）沙织著；张璐译 . -- 长沙：
湖南文艺出版社，2021.11
ISBN 978-7-5726-0399-0

Ⅰ . ①两… Ⅱ . ①沙… ②张… Ⅲ . ①家庭生活—基本知识 Ⅳ . ① TS976.3

中国版本图书馆 CIP 数据核字（2021）第 203631 号

上架建议：生活

LIANG GE REN DE XIAO JIA
两个人的小家

作　　者：［日］沙织
译　　者：张　璐
出 版 人：曾赛丰
责任编辑：吕苗莉
监　　制：邢越超
策划编辑：李齐章
特约编辑：万江寒
版权支持：金　哲
营销支持：文刀刀　周　茜
版式设计：梁秋晨
封面设计：利　锐
出　　版：湖南文艺出版社
　　　　　（长沙市雨花区东二环一段 508 号　邮编：410014）
网　　址：www.hnwy.net
印　　刷：天津市豪迈印务有限公司
经　　销：新华书店
开　　本：775mm×1120mm　1/32
字　　数：95 千字
印　　张：7.25
版　　次：2021 年 11 月第 1 版
印　　次：2021 年 11 月第 1 次印刷
书　　号：ISBN 978-7-5726-0399-0
定　　价：49.80 元

若有质量问题，请致电质量监督电话：010-59096394
团购电话：010-59320018